JN016490

目　　次

I．数学的準備および運動学

〈基 礎 事 項〉

1．微 積 分

（i）微　分

（a）$\dfrac{\mathrm{d}f(x)}{\mathrm{d}x}=\lim_{\Delta x\to 0}\dfrac{f(x+\Delta x)-f(x)}{\Delta x}=f'(x)$

（b）$(f(x)\pm g(x))'=f'(x)\pm g'(x)$

（c）$(cf(x))'=cf'(x)$　（c は定数）

（d）$(f(x)\cdot g(x))'=f'(x)g(x)+f(x)g'(x)$　（積の微分）

（e）$z=f(y)$，$y=g(x)$ ならば

$$\frac{\mathrm{d}z}{\mathrm{d}x}=\frac{\mathrm{d}z}{\mathrm{d}y}\cdot\frac{\mathrm{d}y}{\mathrm{d}x}$$

$$=f'(y)\cdot g'(x)$$　（合成関数の微分）

（f）$y=f^{-1}(x)$　（$x=f(y)$ と同じ）ならば

$$\frac{\mathrm{d}}{\mathrm{d}x}f^{-1}(x)=\frac{\mathrm{d}y}{\mathrm{d}x}=\frac{1}{\dfrac{\mathrm{d}x}{\mathrm{d}y}}=\frac{1}{f'(y)}$$

（g）Taylor の展開

$$f(a+h)=f(a)+f'(a)h+\frac{f''(a)}{2!}h^2+\cdots\cdots$$

$$=\sum_{n=1}^{\infty}\frac{f^{(n-1)}(a)h^{n-1}}{(n-1)!}$$

$a=0$ のとき $h=x$ とおけば（Maclaurin 展開）

$$f(x)=f(0)+f'(0)x+\frac{f''(0)}{2!}x^2+\cdots\cdots$$

$$=\sum_{n=1}^{\infty}\frac{f^{n-1}(0)x^{n-1}}{(n-1)!}$$

微分の基本例

$f(x)$	x^a	$\sin x$	$\cos x$	$\arcsin x$	$\arccos x$	e^x	$\log x$
$f'(x)$	ax^{a-1}	$\cos x$	$-\sin x$	$\dfrac{1}{\sqrt{1-x^2}}$	$\dfrac{-1}{\sqrt{1-x^2}}$	e^x	$\dfrac{1}{x}$

（ii）積　分

（a）$\dfrac{\mathrm{d}}{\mathrm{d}x}F(x)=f(x)$ ならば $\displaystyle\int f(x)\,\mathrm{d}x=F(x)+C$

（不定積分；C は積分定数）

（b）$\displaystyle\int_a^b f(x)\,\mathrm{d}x = F(b) - F(a)$ （定積分）

（c）$\displaystyle\int_a^b f(x)g'(x)\,\mathrm{d}x = [f(x)g(x)]_a^b - \int_a^b f'(x)g(x)\,\mathrm{d}x$

（部分積分）

（d）$x = g(t)$ のとき

$$\int_a^b f(x)\,\mathrm{d}x = \int_{t_a}^{t_b} f(g(t))g'(t)\,\mathrm{d}t \quad \text{（置換積分）}$$

（ただし，$a = g(t_a)$，$b = g(t_b)$）

（iii） 微分方程式

変数とその関数，および導関数との間に成り立つ等式を，その関数の微分方程式という．与えられた微分方程式を満たす関数をその微分方程式の解といい，解を求めることを微分方程式を解くという．

解のうち，積分定数のような任意定数を含むものを一般解という．この章では一般解のみを扱うものとする．

2. ベクトル

（a）$\boldsymbol{A} = (A_x, A_y, A_z) = A_x\boldsymbol{i} + A_y\boldsymbol{j} + A_z\boldsymbol{k}$

$\boldsymbol{i}, \boldsymbol{j}, \boldsymbol{k}$ はそれぞれ x, y, z 方向の単位ベクトル

（b）$\boldsymbol{A} + \boldsymbol{B} = (A_x + B_x, A_y + B_y, A_z + B_z)$

$= (A_x + B_x)\boldsymbol{i} + (A_y + B_y)\boldsymbol{j} + (A_z + B_z)\boldsymbol{k}$

（c）$\boldsymbol{A} \cdot \boldsymbol{B} = A_xB_x + A_yB_y + A_zB_z$

$= AB\cos\theta \quad (|\boldsymbol{A}| = A,\ |\boldsymbol{B}| = B)$

（d）$\boldsymbol{A} \times \boldsymbol{B} = (A_yB_z - A_zB_y, A_zB_x - A_xB_z, A_xB_y - A_yB_x)$

$= (A_yB_z - A_zB_y)\boldsymbol{i} + (A_zB_x - A_xB_z)\boldsymbol{j} + (A_xB_y - A_yB_x)\boldsymbol{k}$

$= AB\sin\theta\,\boldsymbol{n}$

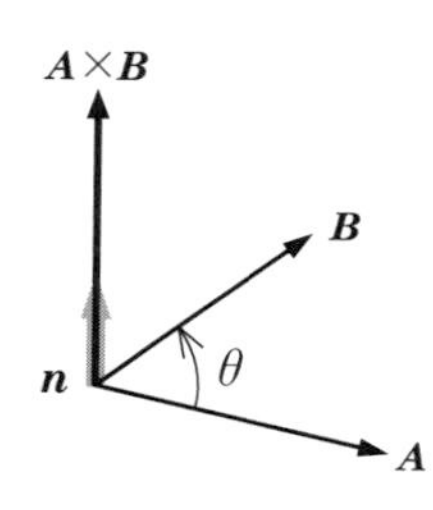

$\boldsymbol{n}$ は $\boldsymbol{A}, \boldsymbol{B}$ 両方に垂直な単位ベクトル

（e）$\displaystyle\frac{\mathrm{d}}{\mathrm{d}t}\boldsymbol{A} = \left(\frac{\mathrm{d}A_x}{\mathrm{d}t}, \frac{\mathrm{d}A_y}{\mathrm{d}t}, \frac{\mathrm{d}A_z}{\mathrm{d}t}\right)$

$\displaystyle= \frac{\mathrm{d}A_x}{\mathrm{d}t}\boldsymbol{i} + \frac{\mathrm{d}A_y}{\mathrm{d}t}\boldsymbol{j} + \frac{\mathrm{d}A_z}{\mathrm{d}t}\boldsymbol{k}$

（f）$\displaystyle\int \boldsymbol{A}\,\mathrm{d}t = \left(\int A_x\,\mathrm{d}t, \int A_y\,\mathrm{d}t, \int A_z\,\mathrm{d}t\right)$

$\displaystyle= \left(\int A_x\,\mathrm{d}t\right)\boldsymbol{i} + \left(\int A_y\,\mathrm{d}t\right)\boldsymbol{j} + \left(\int A_z\,\mathrm{d}t\right)\boldsymbol{k}$

3. 運 動 学

（a） 速 度 $\boldsymbol{v} = \dfrac{\mathrm{d}\boldsymbol{r}}{\mathrm{d}t} = \dot{\boldsymbol{r}}$（$\boldsymbol{r}$ は位置ベクトル）

直交成分 $v_x = \dfrac{\mathrm{d}x}{\mathrm{d}t} = \dot{x}$，$v_y = \dfrac{\mathrm{d}y}{\mathrm{d}t} = \dot{y}$，

$$v_z = \frac{\mathrm{d}z}{\mathrm{d}t} = \dot{z}$$

極座標成分 $v_r = \dfrac{\mathrm{d}r}{\mathrm{d}t} = \dot{r}$，$v_\theta = r\dfrac{\mathrm{d}\theta}{\mathrm{d}t} = r\dot{\theta}$

（b） 加速度 $\boldsymbol{a} = \dfrac{\mathrm{d}\boldsymbol{v}}{\mathrm{d}t} = \dfrac{\mathrm{d}^2\boldsymbol{r}}{\mathrm{d}t^2} = \dot{\boldsymbol{v}} = \ddot{\boldsymbol{r}}$

直交成分 $a_x = \dfrac{\mathrm{d}^2x}{\mathrm{d}t^2} = \ddot{x}$，$a_y = \dfrac{\mathrm{d}^2y}{\mathrm{d}t^2} = \ddot{y}$，

$$a_z = \frac{\mathrm{d}^2z}{\mathrm{d}t^2} = \ddot{z}$$

$$\begin{cases} \text{動径成分} \quad a_r = \dfrac{\mathrm{d}^2r}{\mathrm{d}t^2} - r\left(\dfrac{\mathrm{d}\theta}{\mathrm{d}t}\right)^2 = \ddot{r} - r\dot{\theta}^2 \\ \text{方位成分} \quad a_\theta = \dfrac{1}{r}\dfrac{\mathrm{d}}{\mathrm{d}t}\left(r^2\dfrac{\mathrm{d}\theta}{\mathrm{d}t}\right) = \dfrac{1}{r}\dfrac{\mathrm{d}}{\mathrm{d}t}(r^2\dot{\theta}) \end{cases}$$

$$\begin{cases} \text{接線成分} \quad a_\mathrm{t} = \dfrac{\mathrm{d}v}{\mathrm{d}t} \\ \text{法線成分} \quad a_\mathrm{n} = \dfrac{v^2}{\rho} \quad (\rho\text{：曲率半径}) \end{cases}$$

〈演 習 問 題 I－A〉

1． $(uv)' = u'v + uv'$ を証明せよ．

2． 次の関数を t で 2 回微分せよ（$a, b, c, A, \omega, \alpha$ は定数）．

（1） $at^2 + bt + c$ （2） $A\sin(\omega t + \alpha)$

（3） $\log(at + b)$ （4） $A\mathrm{e}^{\pm at}$ （5） $A\mathrm{e}^{\pm iat}$

3． $f(x)f'(x) = \dfrac{\mathrm{d}}{\mathrm{d}x}\left\{\dfrac{1}{2}f^2(x)\right\}$ を示せ．

4． （1） $\boldsymbol{A}\cdot(\boldsymbol{A}\times\boldsymbol{B}) = 0$ を証明せよ．

（2） $(\boldsymbol{A}\times\boldsymbol{B})^2 = A^2B^2 - (\boldsymbol{A}\cdot\boldsymbol{B})^2$ を示せ．

5． 直交成分が，$x = A\cos\theta$，$y = A\sin\theta$ で与えられるベクトル $\boldsymbol{r}$ と $\dfrac{\mathrm{d}\boldsymbol{r}(t)}{\mathrm{d}t}$ は直交することを示せ．ただし，θ は時間 t の関数で，A は時間 t に関して定数とする．

6． 同一平面内の任意の 3 つのベクトルを $\boldsymbol{A}, \boldsymbol{B}, \boldsymbol{C}$ とすると $\boldsymbol{A}\cdot(\boldsymbol{B}\times\boldsymbol{C}) = 0$ であることを証明せよ．

7． 位置ベクトル $\boldsymbol{R}$ で与えられる点を中心とする，半径 a の球面

上の点の位置を与える位置ベクトル $\boldsymbol{r}$ が満たす方程式を求めよ．また，原点が球の中心と一致する場合はどうか．

8． 列車の速度が一定の割合 a で 0 から V まで増加し，それからしばらく等速度で進み，最後に一定の割合 b で減速して止まった．このとき通過した全距離を s とすると，要した時間 T は

$$T=\frac{s}{V}+\frac{V}{2}\left(\frac{1}{a}+\frac{1}{b}\right)$$

と表されることを示せ．

9． 毎時 10 km の速さのボートが毎時 6 km の速さで流れている 2 km の川を垂直に横切るには，ボートはどの方向に向くべきか．また，川を横切るのに要する時間を求めよ．

10． 座標 x が，$x=A\sin(\omega t+\varepsilon)$ で与えられる一次元の運動の速度と加速度を求めよ．ただし A, ω, ε は定数．

11． xy 平面上で時刻 t における位置が

$x=a\sin(\omega t)$，$y=a\cos(2\omega t)$　（a, ω は正の定数）

で表される質点の軌道を求め，図示せよ．

〈演習問題 I-B〉

1． 次の関数を微分せよ（a, b, c は定数）．

（1） $\log(x^2+c)$　（2） $\arctan x$　（3） $\sqrt{a^2+x^2}$

（4） $\dfrac{1}{\sqrt{x^2-a^2}}$　（5） $\mathrm{e}^{-ax}\sin(bx+c)$

（6） e^{ax^2+bx+c}

2． 次の不定積分を求めよ（a は正の定数）．

（1） $\displaystyle\int x\sin x\,\mathrm{d}x$　（2） $\displaystyle\int \log x\,\mathrm{d}x$

（3） $\displaystyle\int \frac{1}{x^2+a^2}\,\mathrm{d}x$　（4） $\displaystyle\int \frac{1}{x^2-a^2}\,\mathrm{d}x$

（5） $\displaystyle\int \frac{x}{x^2+a^2}\,\mathrm{d}x$　（6） $\displaystyle\int x\sqrt{x^2+a^2}\,\mathrm{d}x$

3． x は t の関数である．次の微分方程式の一般解 $x(t)$ を求めよ（a, b は正の定数）．

（1） $\dfrac{\mathrm{d}x}{\mathrm{d}t}=at+b$　（2） $\dfrac{\mathrm{d}x}{\mathrm{d}t}=a\sin bt$

（3） $\dfrac{\mathrm{d}x}{\mathrm{d}t}=ax$　（4）* $\dfrac{\mathrm{d}x}{\mathrm{d}t}=\sqrt{1-x^2}$

（5） $\dfrac{\mathrm{d}^2x}{\mathrm{d}t^2}=a$　（6） $\dfrac{\mathrm{d}^2x}{\mathrm{d}t^2}=\mathrm{e}^{at}$

* 解は三角関数になるが，$\dfrac{\mathrm{d}x}{\mathrm{d}t}>0$ となる範囲でのみ考えるものとする．

4. 次の等式を証明せよ．

（1） $\boldsymbol{A}\times(\boldsymbol{B}\times\boldsymbol{C}) = \boldsymbol{B}(\boldsymbol{A}\cdot\boldsymbol{C}) - \boldsymbol{C}(\boldsymbol{A}\cdot\boldsymbol{B})$

（2） $\boldsymbol{A}\times(\boldsymbol{B}\times\boldsymbol{C}) + \boldsymbol{B}\times(\boldsymbol{C}\times\boldsymbol{A}) + \boldsymbol{C}\times(\boldsymbol{A}\times\boldsymbol{B}) = \boldsymbol{0}$

（3） $$\boldsymbol{A}\cdot(\boldsymbol{B}\times\boldsymbol{C}) = \begin{vmatrix} A_x & A_y & A_z \\ B_x & B_y & B_z \\ C_x & C_y & C_z \end{vmatrix} = \boldsymbol{B}\cdot(\boldsymbol{C}\times\boldsymbol{A})$$
$$= \boldsymbol{C}\cdot(\boldsymbol{A}\times\boldsymbol{B})$$

5. 任意のベクトル $\boldsymbol{A}$ ($\boldsymbol{A} \neq \boldsymbol{0}$)と x, y, z 軸との間の角を α, β, γ とするとき，

$$\lambda \equiv \cos\alpha,\quad \mu \equiv \cos\beta,\quad \nu \equiv \cos\gamma$$

を $\boldsymbol{A}$ の方向余弦という．

$\lambda^2+\mu^2+\nu^2 = 1$ を証明せよ．

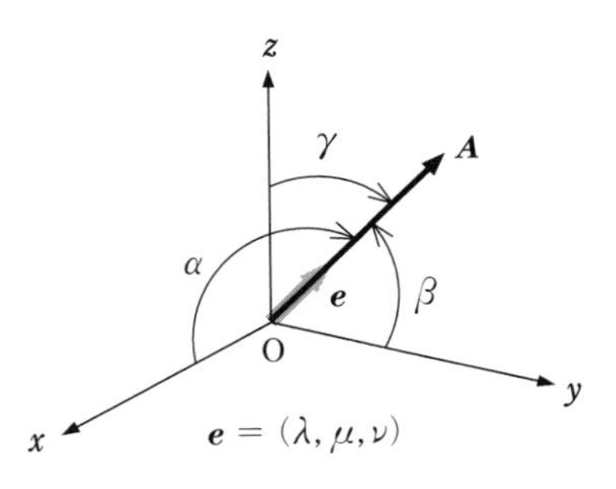

6. 2つのベクトル $\boldsymbol{A}$ と $\boldsymbol{B}$ のなす角を θ，それぞれの方向余弦を $(\lambda_1, \mu_1, \nu_1)$ および $(\lambda_2, \mu_2, \nu_2)$ とすれば

$$\cos\theta = \lambda_1\lambda_2 + \mu_1\mu_2 + \nu_1\nu_2$$

となることを示せ．

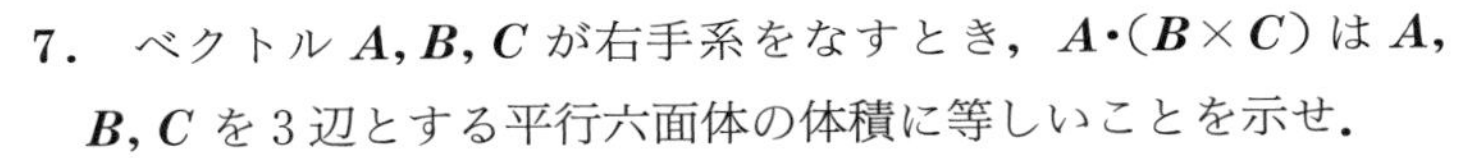

7. ベクトル $\boldsymbol{A}, \boldsymbol{B}, \boldsymbol{C}$ が右手系をなすとき，$\boldsymbol{A}\cdot(\boldsymbol{B}\times\boldsymbol{C})$ は $\boldsymbol{A}$, $\boldsymbol{B}, \boldsymbol{C}$ を3辺とする平行六面体の体積に等しいことを示せ．

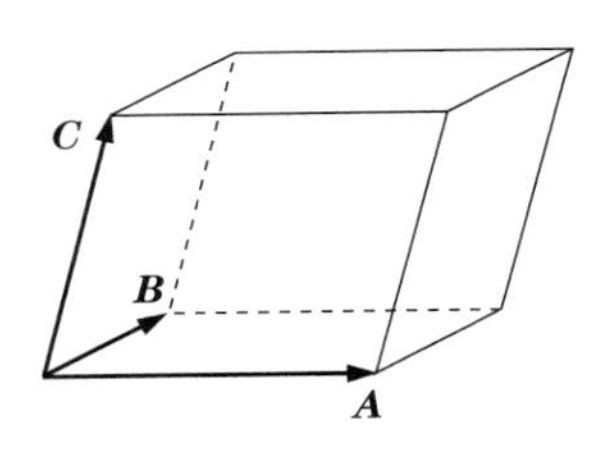

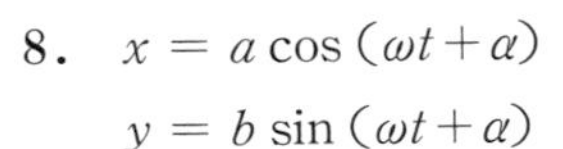

8. $x = a\cos(\omega t+\alpha)$

$y = b\sin(\omega t+\alpha)$

で与えられる運動について次の問に答えよ (a, b, ω, α は定数)．

（1） この運動は，だ円運動であることを示せ．

（2） 速度の成分を求めよ．

（3） 加速度は常に原点に向いていることを示せ．

<演習問題 I-C>

1. 半径 a の円周上を最初静止していた点が，時間に比例してその速さが増加する運動を行うとき，時刻 t における加速度の動径に対する傾きはどれだけか．

2. xy 平面上で時刻 t における位置が，

$$x = at,\qquad y = bt - \frac{c}{2}t^2 \quad (a, b, c \text{ は正の定数})$$

で表される質点の軌道を求めよ．さらに，軌道頂点での接線加速度，法線加速度を求め，そこでの軌道の曲率半径を求めよ*．

3. 平面上で質点の時刻 t における極座標が

$$r = 2l\cos\frac{\omega t}{2},\qquad \theta = \frac{\omega t}{2} \quad (l, \omega \text{ は正の定数})$$

で表されるとき，その軌道を描き，速度，加速度を求めよ．

* 物理学の教科書には載っていない．他の本を参照せよ．

II．運動法則および簡単な運動

〈基 礎 事 項〉

1．運 動 法 則

（i） 外から力が作用しなければ，物体は静止あるいは一直線の上の等速運動をつづける．（慣性の法則）

（ii） 力が作用すれば物体の力学的状態が変化する．このとき，物体の運動量の時間的変化の割合は，作用した力に等しい．

$$\frac{\mathrm{d}\boldsymbol{p}}{\mathrm{d}t} = \boldsymbol{F} \quad (\boldsymbol{p} = m\boldsymbol{v}) \quad \text{（運動方程式）}$$

$$m\text{ が定数のとき}\quad m\frac{\mathrm{d}^2\boldsymbol{r}}{\mathrm{d}t^2} = m\frac{\mathrm{d}\boldsymbol{v}}{\mathrm{d}t} = \boldsymbol{F}$$

（iii） 1つの物体Aが他の物体Bに作用を及ぼすときは，逆にBは必ずAに反作用を及ぼし，その大きさは互いに等しく，方向は2つの物体を結ぶ直線に沿い，その向きは反対である．（作用・反作用の法則）

2．いくつかの力の大きさ

重力(mg)，万有引力$\left(G\dfrac{mm'}{r^2}\right)$，クーロン力$\left(\dfrac{1}{4\pi\varepsilon}\dfrac{qq'}{r^2}\right)$，

ばねの弾性力(kx)，摩擦力（固体表面）$\left(\begin{array}{l}\text{静摩擦力：} \leqq \mu N \\ \text{動摩擦力；} = \mu' N\end{array}\right)$，

流体の抵抗$\left(\begin{array}{l}\text{低速：} cv \\ \text{高速；} c'v^2, \cdots\end{array}\right)$

3．運動方程式とその解

（i） 等加速度運動 ($\boldsymbol{F} = \text{const.}$)

$$m\frac{\mathrm{d}^2\boldsymbol{r}}{\mathrm{d}t^2} = \boldsymbol{F}$$

$$\boldsymbol{v} = \frac{\boldsymbol{F}}{m}t + \boldsymbol{v}_0$$

$$\boldsymbol{r} = \frac{1}{2}\frac{\boldsymbol{F}}{m}t^2 + \boldsymbol{v}_0 t + \boldsymbol{r}_0$$

（ii） 単振動 ($F = -kx$)

$$m\frac{\mathrm{d}^2 x}{\mathrm{d}t^2} = -kx$$

$$x = A\sin(\omega t+\varepsilon)$$

$$\omega = \sqrt{\frac{k}{m}} \ (角振動数), \qquad T = \frac{2\pi}{\omega} \ (周期)$$

$$A\,(振幅),\ \varepsilon\,(初期位相),\ \nu = \frac{1}{T} = \frac{\omega}{2\pi} \ (振動数)$$

4．質点のつりあい

$$\sum_i \boldsymbol{F}_i = \boldsymbol{0}$$

すなわち

$$\sum_i F_{ix} = 0,\ \sum_i F_{iy} = 0$$

質量 m の物体の重さ W は $W = mg$ である．

〈演習問題 II-A〉

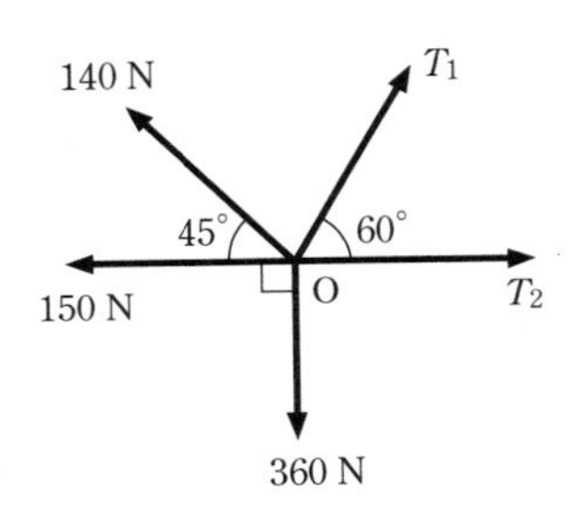

1． 図のように一点 O に 5 つの力が作用してつりあっている．T_1, T_2 の大きさはどれだけか．

2． 静かにつり下げるときには 20 kg までの質量をつり下げることのできる綱で，5 kg の物体を上方に向けてつり上げていくとき，最高どれだけの加速度が許されるか．

3． 加速度 a で下降している気球（質量 m）を，加速度 b で上昇させるためには，船室からどれだけの質量のものを投げ出さねばならないか．ただし，空気抵抗は無視できるものとする．

4． 質量 M_2 のエレベーターの天井から質点（質量 M_1）がつるしてある．床からの高さは h である．エレベーターは一定の力 F $(F > (M_1+M_2)g)$ で上向きの加速度をうけている．次の問に答えよ．

(i) エレベーターの加速度を求めよ．

(ii) （質量 M_1 の）質点をつるしているヒモの張力を求めよ．

(iii) このヒモが突然切れたとすると，その直後のエレベーターの加速度はいくらか．また，M_1 の加速度はいくらか．

(iv) M_1 がエレベーターの床にあたるのは，それからどれだけの時間の後か．

5． 質量 100 g の物体 A と質量 50 g の物体 B がヒモでつないである．これを水平でなめらかな台の上で物体 B に 1.5×10^{-3} N の力を加えて引っ張るとき，ヒモに働く張力はどれだけか．

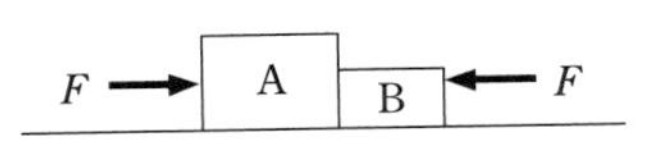

6． 水平でなめらかな台の上に質量 m_1, m_2 の 2 個の物体 A, B がたがいに接触しておかれている．いま，水平で大きさ F の力を A に加えたとき，B に働く力を求めよ．逆に B の方に同じ力 F

を加えたとき A に働く力を求めよ．

7． 水平面上に置かれた質量 m_1 の物体に綱をつけ，質量 m_2 の人が水平に力 T で引っ張ろうとする．面と物体および人との間の静摩擦係数が μ_1 および μ_2 であるとき，人がすべることなく物体を動き出させる条件を求めよ．

8． トラックに乗せてあった 50 kg の木箱が走行中道路に落ちた．トラックはそのとき時速 72 km で走っており，木箱は 50 m 道路上を滑ってから止まった．道路と木箱の間の動摩擦係数は一定であるとして，その値を求めよ．

9． 地上から鉛直上方に投げられた質点が，時刻 t_1 で高さ h のところを通過し，時刻 t_2 に再び同じ高さの点を通ったという．

$h=\dfrac{1}{2}gt_1t_2$ および初速度 $v_0=\dfrac{1}{2}g(t_1+t_2)$ を証明せよ．

10． 次のものの次元を求めよ．

（1） 速度　（2） 加速度　（3） 力　（4） 運動量

（5） 力積　（6） ばね定数　（7） 密度　（8） 角振動数

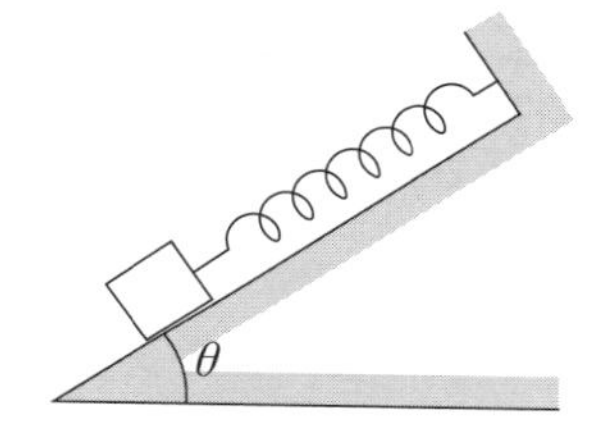

11． ばね定数 k のばねの先端に質量 m の小物体をつけ，これを傾角 θ のなめらかな斜面上で上端を固定して図のようにつり下げた．

（i） 小物体のつりあいの位置で，ばねは自然長からどれだけ伸びているか．

（ii） つりあいの位置からの小物体の位置の変化(下向き)を x として，この小物体の行う運動の運動方程式を作り，それを解け．

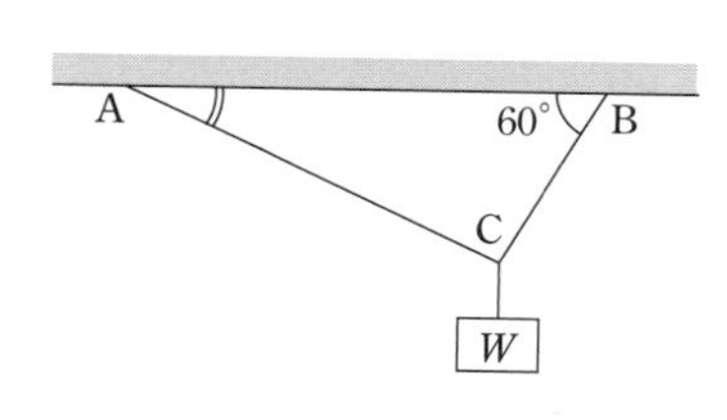

12． 2 本のロープ AC，BC で重さ W のおもりをつるとき，BC が水平となす角が 60° であったとすると，

（i） AC の水平となす角がどれだけのとき，AC の張力が最小になるか．

（ii） そのとき，AC, BC の張力はそれぞれいくらか．

〈演習問題 II-B〉

1． 傾き θ の斜面上に質量 m の物体を置いたら静止した．斜面が物体に及ぼしている力を求めよ．またこの物体が等加速度で斜面を滑りおりているときには，斜面が物体に及ぼしている力はどうなるか．斜面との静摩擦係数および動摩擦係数は μ, μ' とする．

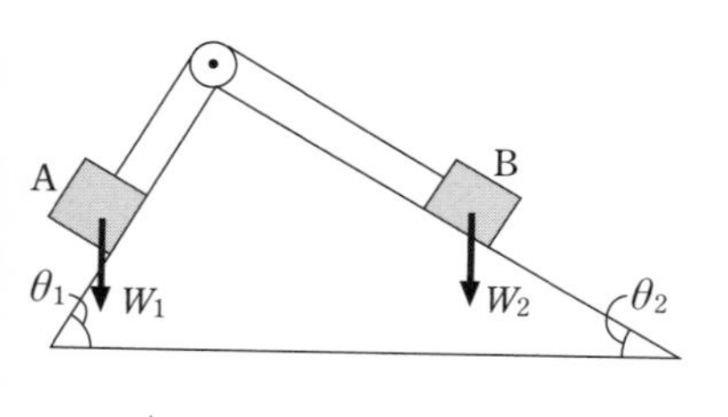

2． 図のように複斜面の両側に重さ W_1, W_2 の物体 A, B にひもをつけて頂点にあるなめらかな滑車にそれをかけたところ，A が

下に，B が上に動きはじめたという．A, B と斜面との間の動(すべり) 摩擦係数をそれぞれ μ_1, μ_2 としたとき物体の加速度とひもの張力はどれだけか．

3． $\dfrac{1}{8}g$ の加速度をもって鉛直に上昇しつつある軽気球がある．地上より上昇をはじめてから 30 秒後に物体を落としたとすると，何秒後にその物体は地上に達するか．

4． 物体を初速 V_0 で投げて前方 a の距離に立っている鉛直な壁に直角に当たるようにするには，どの方向に投げるべきか．また当たった高さはねらった高さの半分に等しいことを示せ．

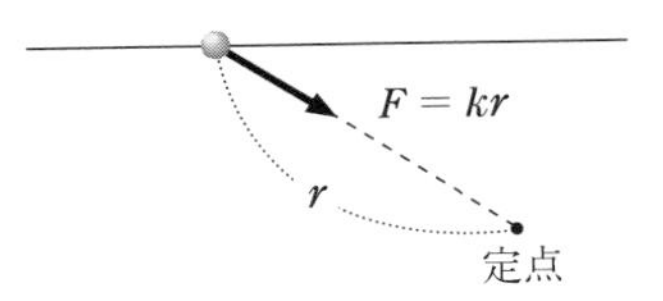

5． ある直線上をなめらかに運動している質点が (右図)，直線外の定点よりそれらの間の距離に比例する引力 (比例定数 k) を受けているとき，質点の運動方程式をかけ．

6． 右図のように質量 m の小物体に，なめらかな机の上でばね定数 k の同じ 2 本のばねがつけられている．ばねは A, B で壁に固定されているとして，

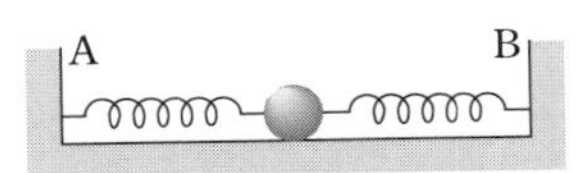

（i） 小物体の運動方程式を作り，それを解け．

（ii） 小物体が AB の中点を通るときの速さが V であるとして，その振動の振幅を求めよ．

〈演習問題 II－C〉

1． 2 点間に緊(かた)く張った長さ l の糸の中点にとりつけられた質点 (質量 m) の，糸に垂直な，微小な振動の周期を求めよ．質点には，一定の大きさの糸の張力 S のみが働くものとする (右図)．角 θ が小さいとき，$\sin\theta \simeq \tan\theta$ としてよい．

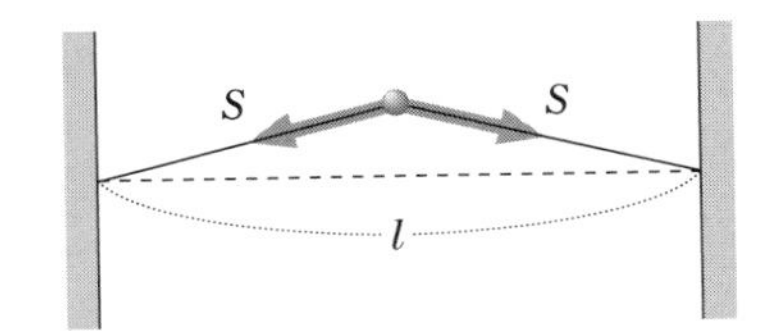

2． ある人工衛星が，地表からの高さ h の円軌道を描いて回転しており，その回転周期は T である．地球の質量 M を求めよ．万有引力定数を G，地球の半径を R とせよ．

3． 単振動の運動方程式 $m\ddot{x} = -kx$ において，$x = ae^{i\alpha t} + be^{-i\alpha t}$ (a, b は複素定数，α は実定数) とおいて α の値を求めよ．その x が $x = A\sin(\omega t + \varepsilon)$ の形の関数となることを示せ．$e^{\pm i\alpha t} = \cos\alpha t \pm i\sin\alpha t$ の関係を用いよ．

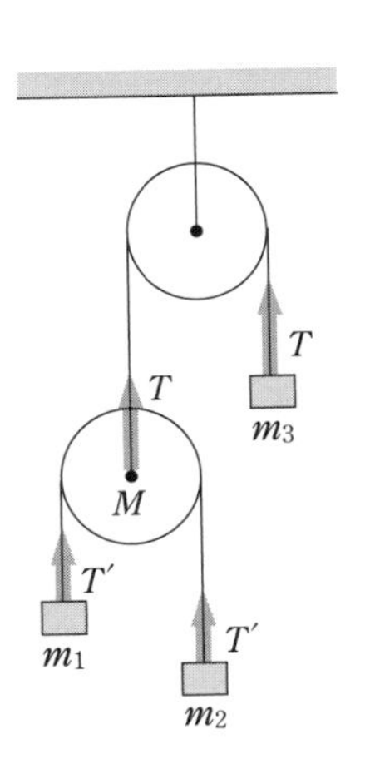

4． 右の図のようになめらかな滑車に物体をつけてはなしたとき，各物体の加速度および T, T' を求めよ．ただし，m_1, m_2 の物体は下向きを正，m_3 の物体は上向きを正として考える．

5． 質量 m の質点が $\boldsymbol{F} = q\boldsymbol{v}\times\boldsymbol{B}$, ($\boldsymbol{v} = (v_x, v_y, v_z)$, $\boldsymbol{B} = (0, 0, B)$, q, B は定数) という力を受けながら運動している．運動方程式を解き，この質点の運動径路を調べよ．

III. 保　存　則

〈基 礎 事 項〉

1． **仕事**　$W_{AB}=\int_A^B \boldsymbol{F}\cdot d\boldsymbol{r}=\int_A^B (F_x\,dx+F_y\,dy+F_z\,dz)$

仕事率　$P=\dfrac{dW}{dt}=\boldsymbol{F}\cdot\dfrac{d\boldsymbol{r}}{dt}=\boldsymbol{F}\cdot\boldsymbol{v}$

2． **保存力**　次のいずれかが満たされる：

（i）　W_{AB} が径路によらない

（ii）　$\oint \boldsymbol{F}\cdot d\boldsymbol{r}=0$

（iii）
$$\left.\begin{aligned}&\frac{\partial F_z}{\partial y}-\frac{\partial F_y}{\partial z}=0\\&\frac{\partial F_x}{\partial z}-\frac{\partial F_z}{\partial x}=0\\&\frac{\partial F_y}{\partial x}-\frac{\partial F_x}{\partial y}=0\end{aligned}\right\}\quad \nabla\times\boldsymbol{F}=\boldsymbol{0}\ \ (\mathrm{rot}\,\boldsymbol{F}=\boldsymbol{0})$$

3． **位置エネルギー（ポテンシャルエネルギー）**

$$U_A=-\int_O^A \boldsymbol{F}\cdot d\boldsymbol{r}\quad（\mathrm{O}\text{ は基準点}）$$

$$\boldsymbol{F}=-\nabla U,\qquad W_{AB}=U_A-U_B$$
$$(-\mathrm{grad}\,U)$$

4． **エネルギーの定理**

$$\frac{1}{2}mv_B{}^2-\frac{1}{2}mv_A{}^2=W_{AB}$$

5． **力学的エネルギー保存の法則**

保存力の場合　$\dfrac{1}{2}mv^2+U=$ 一定

6． **運動量の定理**

$$\boldsymbol{p}_2-\boldsymbol{p}_1=\int_{t_1}^{t_2}\boldsymbol{F}\,dt\quad（\text{運動量の変化}=\text{力積}）$$

7． **運動量保存の法則**

$\boldsymbol{F}=\boldsymbol{0}$　ならば　$\boldsymbol{p}=$ 一定

8． **角運動量の定理**

$$\boldsymbol{L}_2-\boldsymbol{L}_1=\int_{t_1}^{t_2}\boldsymbol{N}\,dt$$

角運動量　$\boldsymbol{L} = \boldsymbol{r}\times\boldsymbol{p}$

平面運動の場合

$$L = mr^2\frac{\mathrm{d}\theta}{\mathrm{d}t}$$ （円運動なら $L = mr^2\omega$）

$$L_z = m(xv_y - yv_x)$$

力のモーメント　$\boldsymbol{N} = \boldsymbol{r}\times\boldsymbol{F}$

角運動量，力のモーメントについては，特に指定がなければ右向きを x，上向きを y として z 成分を計算する．

9．角運動量保存の法則

$$\boldsymbol{N} = \boldsymbol{0} \quad \text{ならば} \quad \boldsymbol{L} = \text{一定}$$

〈演 習 問 題 III-A〉

1．体重 60 kg の人が水平と角 30° をなす山路を毎時 2 km の速さで登っているときの仕事率を求めよ．

2．勾配 1/200 の坂道にそって質量 10^6 kg の列車を引いて毎時 50 km の速さで登る機関車がある．列車の重さの 1/200 の摩擦力が働くとき，機関車の仕事率はいくらか．

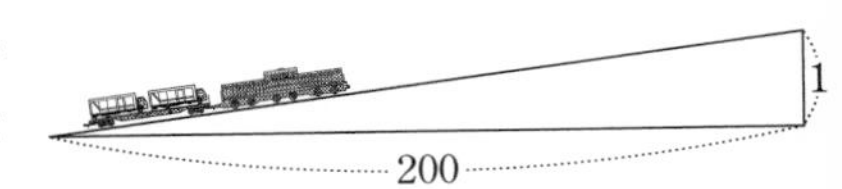

3．質量 8 kg の物体が，水平な摩擦のない机の上を 4 m/s の速さで滑ってきて，固定してあるばねにぶつかった．このばねの定数を 4000 N/m とすれば，ばねはどれだけ縮まるか．

4．高さ h，斜面の長さ L の丘の上に質量 M の車が止まっていた．運転者がブレーキをかけ忘れたために車は斜面を走り出した．丘のふもとに達したときの車の速さを求めよ．ただし，斜面と車の間の摩擦力 f は一定とする．

5．水平と 30° をなす粗い斜面上におかれた質点（m）に糸を結びつけ，斜面の頂上にあるなめらかな滑車を経て，糸の他端を他の質点（M）に結びつける．質点 m が斜面の最下端にあるとき，質点 M は最高点 h にあり，この状態から質点 M が下降し始める．質点 M が地面に着いたときの速さはいくらか．その後，質点 m は斜面上に沿ってどれだけの距離を上昇するか．動摩擦係数は $1/\sqrt{3}$ とする．

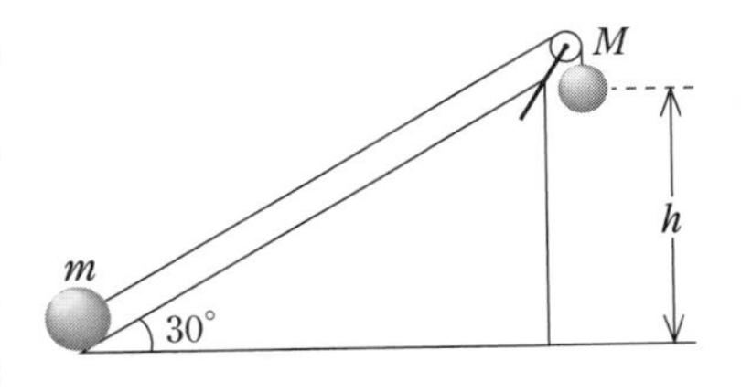

6．速さ v で動いている質量 m の質点に打撃を加えたところ質点は速さを変えないで，運動の方向を 90° だけ変えた．この打撃力の力積を求めよ．また，この打撃力を静止している同じ質点に加えると，質点はどのような初速を得るか．

7．水素原子では陽子のまわりを 1 個の電子（$m = 9.11\times10^{-31}$ kg）がまわっている．円運動をしているとして，その半径は $r = 5.29\times10^{-11}$ m である．この電子のもつ角運動量の大きさを

$l = 1.054 \times 10^{-34}$ J•s としたとき，電子は1秒間に陽子のまわりを何回転するか．また，その速さを求めよ．

〈演習問題Ⅲ-B〉

1． 定まった直線上をなめらかに運動する質点が，直線からの距離 a の定点Pから距離の2乗に逆比例する引力を受けて，無限に遠いところから点Pに最も近い点まで動くとき，力がした仕事を求めよ．

2． $F_x = axy$，$F_y = bx^2$ (a, b は定数) で与えられる力を受けて，質点が点 $(0,0)$ から $(1,1)$ へ次のように動いたときの仕事量を求めよ．

（i） $y = x$ の直線に沿って動いたとき

（ii） $y = x^2$ の曲線に沿って動いたとき

3． 1つの平面の中で運動する単位質量の質点に作用する力の成分が，質点の座標を (x, y) として次のように与えられている．この力は保存力か否か．保存力ならば（i），（ii）は原点を基準点として，（iii）は無限遠を基準点として，ポテンシャルを求めよ．

（i） $F_x = kxy, \quad F_y = \dfrac{1}{2}kx^2, \quad F_z = 0$ （k は定数）

（ii） $F_x = ay + c, \quad F_y = bx + c, \quad F_z = 0$ （a, b, c は定数）

（iii） $F_x = -G\dfrac{M}{r^3}x, \quad F_y = -G\dfrac{M}{r^3}y,$

$F_z = 0 \quad (r = \sqrt{x^2 + y^2})$ （G, M は定数）

4． 質量 M [kg]，エンジンの最大出力 P [W] (1 W = 1 J/s) の車が，一定速度 v [m/s] でのぼることができる最大傾斜角 θ の正弦 $\sin\theta$ を求めよ．抵抗力は一定で大きさ F [N] とする．

5． xy 平面上で位置 $\boldsymbol{r}$ にある質点の位置エネルギーが次式で与えられる．

$$U(\boldsymbol{r}) = \frac{1}{2}kr^2 \quad (k \text{ は正の定数，} r = \sqrt{x^2 + y^2})$$

（i） この質点に働く保存力の大きさを求めよ．

（ii） この質点の加速度ベクトルは，$\boldsymbol{r}$ に比例し，原点に向いていることを示せ．

6． x 軸上で次のようにポテンシャル $U(x)$ が与えられている．

$$\begin{aligned} U(x) &= kx \quad (x > 0) \\ &= -kx \quad (x < 0) \quad (k \text{ は正の定数}) \end{aligned}$$

このポテンシャルの中で運動する質量 m，力学的エネルギー（運動エネルギー＋ポテンシャルエネルギー）E の質点について，

（i） 質点の運動範囲は x のどのような範囲か．

（ii） 前問（i）の範囲を質点が1往復するのに必要な時間を求めよ．

ヒント：力学的エネルギー保存の式から v を求め，さらに x を求めるとよい．

7． 惑星（質量 m）が点A（太陽からの距離 a）から点B（太陽からの距離 b）まで運動した．

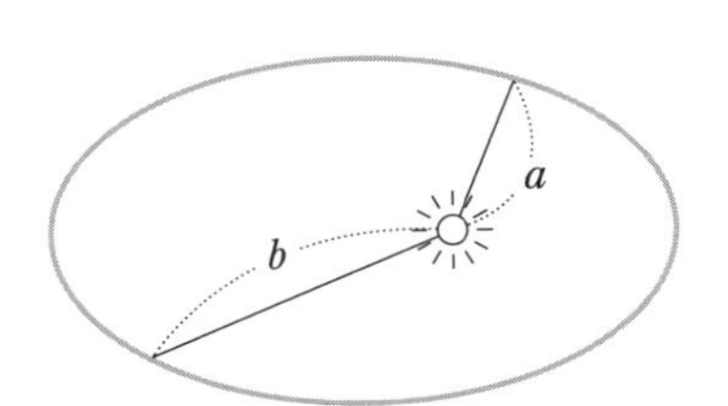

（i） 万有引力が惑星にした仕事を求めよ．太陽の質量を M，万有引力定数を G とする．

（ii） 点Aでの惑星の速さを u とする．点Bでの速さを求めよ．

8． 半径 r の円周上を一定の角速度 ω でまわる質量 m の質点が，円周上の一点Aを通過後，時間 t だけ経過したときの，質点のAに関する角運動量を求めよ．

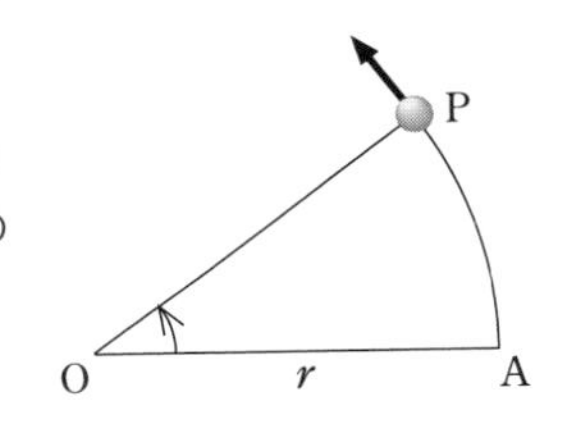

<演習問題 III-C>

1． 長い糸の先に錘をつけ，他端を中心にして水平面内で回転させる．いま，この糸の長さを徐々に（すなわち，糸を短くしていく過程の間でも錘の運動は円運動をしていると考えてよい程ゆっくりと）短くしていくとき，次の問に答えよ．

（i） 糸の長さが r_1 から r_2（$r_2 < r_1$）になったときの錘の速さ v_1, v_2 の比 $\dfrac{v_2}{v_1}$ を求めよ．

（ii） 糸を短縮するための仕事と，錘が持っていた運動エネルギーの変化した分とを別々に求め，エネルギーの保存則の成立することを示せ．

2． 高さ h のビルの屋上から質量 m の質点を初速度 v_0 で水平に投げる．t 秒後の，投げた点に関する角運動量を求めよ．空気抵抗はないものとする．また，この場合，角運動量の時間に対する変化率は重力のモーメントに等しいことを示せ．

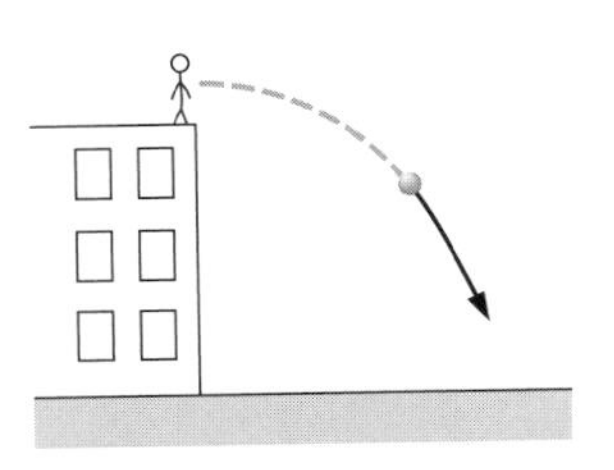

3． はかりの受皿に，高さ h の点から毎秒一定の質量 μ の砂を落とす．皿に砂がつもり始めてから t 秒後にはかりの示す重さ（質量ではなく，はかりに加わる力の大きさ）を求めよ．

Ⅳ. さまざまな運動

<演習問題 Ⅳ-A>

1. 木の枝に猿がぶら下がっている．地上から猿に銃身を向けて発砲したら猿はおどろいて発砲と同時に手を放して落ちた．しかし弾は必ず猿に当たることを証明せよ (monkey-hunting).

2. 質量 m の弾丸が，なめらかな地面におかれた質量 M の大砲より水平に発射されて，大砲に対する相対速度が u になったとする．反動で大砲が得る速さは地面に対していくらか．

3. 質量 30 g の弾丸が，水面に浮いている 3.6 kg の木片に水平方向から 600 m/s の速さで命中し，そのまま木片の内部にとどまった．

（i） 木片は最初静止していたとすると，命中後はどのような速さを得るか．

（ii） 運動エネルギーが，他のエネルギーへ転化した分の大きさを求めよ．

4. 台の上に置かれた質量 0.5 kg の木片に，質量 25 g のライフル弾を命中させた．弾丸が木片に命中する以前は，速さ 600 m/s であったが，木片を貫通して他の側に出て来たときは，200 m/s であった．

（i） 木片と台の間には摩擦はなかったとして，木片の得た速さを求めよ．

（ii） 失われた運動エネルギーを求めよ．

5. 止まっていた質量 M の物体が内部エネルギー E によって m_1 と m_2 に割れて反対方向に一直線上を運動した．E はすべて運動エネルギーになるとして両破片のその後の速さを求めよ．$m_1+m_2=M$ とする．

<演習問題 Ⅳ-B>

1. 鉛直面内にある円周の最高点を A とし，A を通る任意の弦を AP とするとき，質点が弦 AP を初速 0 で滑り落ちるのに要する時間は，AP の傾きに関せず一定であることを証明せよ．ただし，弦はなめらかとする．

2. 振動数 n，振幅 a の単振動を行う質点（質量 M）に，振動の

中心より $\frac{\sqrt{3}}{2}a$ の点において，正の向きに大きさ Q の力積が突然加えられたとすると，その後の単振動の振幅はいくらか．

3． 半径が地球の半径の α 倍，平均密度が地球の β 倍の惑星において，その表面での重力加速度は地球上の何倍か．火星と地球の半径はそれぞれ $(3.39,\ 6.38)\times10^3$ km，火星の平均密度は地球の 0.714 倍である．火星表面での重力加速度は地球の何倍か．

4． 虫が固定された半径 a の球面の内側の最下点から出発して内壁を 1 つの鉛直面に沿って登り出した．球面と虫との摩擦係数を $1/\sqrt{3}$ とすると，虫が登りうる高さはいくらか．

5． 水平面との傾き角 α が摩擦角より大きい斜面上に物体を置き，これに斜面（最大傾斜面の意味）に平行な力を加えて静止させる．この場合その最大の力が最小の力の 2 倍に等しいならば，静摩擦係数はいくらか．

〈演習問題 IV-C〉

1． 地上の点 O から高さ h の木の頂上を見るとき，その仰角が θ であった．点 O から頂上を越えるように石を投げるには，その初速度を少なくとも

$$v_0 \geqq \sqrt{gh\left(1+\frac{1}{\sin\theta}\right)}$$

としなければならないことを示せ．

2． 質量 m の物体が空気中を運動するとき速度 v に比例する抵抗 $-kv$ を受けるものとする．鉛直下向きに初速 v_0 で投げた物体の速さを v として運動方程式をつくり，それを解いて

$$v=\frac{m}{k}g+\left(v_0-\frac{m}{k}g\right)\mathrm{e}^{-\frac{k}{m}t}$$

であることを示せ．

3． 鉛直に降っている雨の中で質量 m_0 の無蓋貨車に水平方向に初速度 v_0 を与えた．貨車の中にたまる雨の質量が毎秒当り μ であるとする．このとき摩擦や空気の抵抗は無視して，貨車の運動方程式を書け．次にそれを解いて貨車の速度が v_0 の $\frac{1}{2}$ になるまでの時間を求めよ．

V. 剛体の静力学

〈基 礎 事 項〉

1. つりあいの条件

外力のベクトル和がゼロでなければならない.

$$\sum_i \boldsymbol{F}_i = \boldsymbol{0}$$

外力のモーメントの和がゼロでなければならない.

$$\sum_i \boldsymbol{r}_i \times \boldsymbol{F}_i = \boldsymbol{0}$$

2. 重心の位置

$$x_{\mathrm{G}} = \frac{1}{M}\sum_i m_i x_i, \qquad y_{\mathrm{G}} = \frac{1}{M}\sum_i m_i y_i$$

ただし, $M = \sum_i m_i$

積分形

$$x_{\mathrm{G}} = \frac{1}{M}\int \rho x \,\mathrm{d}V, \qquad y_{\mathrm{G}} = \frac{1}{M}\int \rho y \,\mathrm{d}V$$

ただし, $M = \int \rho \,\mathrm{d}V$ は剛体の質量.

〈演 習 問 題 V-A〉

1. 長さ l の棒の両端 A, B に, 棒と垂直に, 大きさが F_{a} と F_{b} の同じむきに平行な 2 つの力 $\boldsymbol{F}_{\mathrm{a}}$, $\boldsymbol{F}_{\mathrm{b}}$ をそれぞれ加えたとき, これらの力の合力 $\boldsymbol{F}_{\mathrm{c}}$ の作用点の位置, 大きさと向きを求めよ(逆向きの力 $-\boldsymbol{F}_{\mathrm{c}}$ を加えると, つりあいの条件を満たすことを利用する).

2. 長さ l の棒の両端 A, B に棒と垂直に大きさが F_{a} と F_{b} ($F_{\mathrm{a}} > F_{\mathrm{b}}$ とする) の逆むき平行な 2 つの力 $\boldsymbol{F}_{\mathrm{a}}$ と $\boldsymbol{F}_{\mathrm{b}}$ をそれぞれ加えたとき, 2 力の合力 $\boldsymbol{F}_{\mathrm{c}}$ の作用点の位置, 大きさと向きを求めよ.

3. 肩の高さが同じ A 君と B 君が, 重さ W の荷物をつり下げた棒の両端を肩にかけたとき, A 君の方には B 君より 3 倍の重量がかかるようにするには, 棒のどこに荷物をつりさげればよいか. ただし棒は重さが w, 長さ l の一様な棒である.

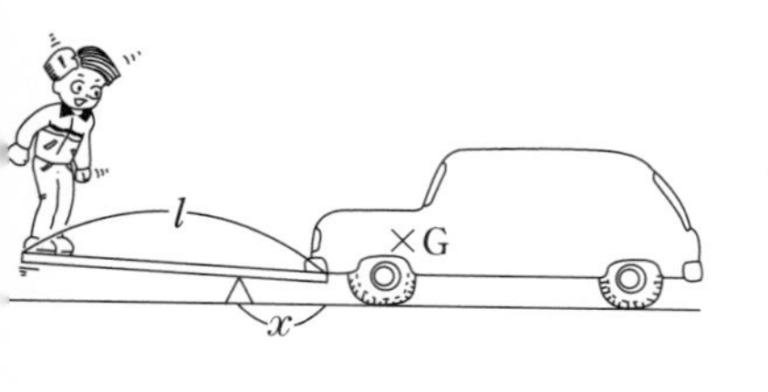

4. 故障した自動車の前端をもち上げるために, 長さ l の棒を用いて図のようなてこを作り, 棒の端に体重 W_1 の人が乗った. てこの支点から自動車の前端までの距離 (図の x) をどれだけに

したらよいか．自動車の重さは W_2 で，その重心 G の位置は，自動車の前端から後輪の中心までの距離の 1/4 の点にある．棒の重さは無視するものとして答えよ．

5．半径 $R, 2R, 3R$ の円板状滑車を互いに固定して作った輪軸がある．いま，半径 $3R, R$ の 2 つの滑車に，重さ $W, 2W$ の物体をそれぞれつり下げた．この輪軸が回転しないようにするには，半径 $2R$ の滑車にどれだけの重さの物体をつり下げたらよいか．また，その物体をつり下げる点は図の A 点か B 点か．

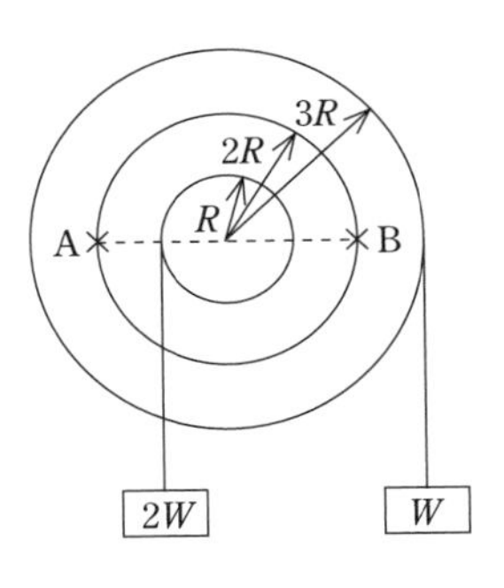

6．長さ l の一様でない棒を水平に保ちながら図のように 2 本の糸でつるしたところ，2 本の糸が鉛直方向となす角は，それぞれ θ, φ であった．この棒の重心の位置を求めよ．

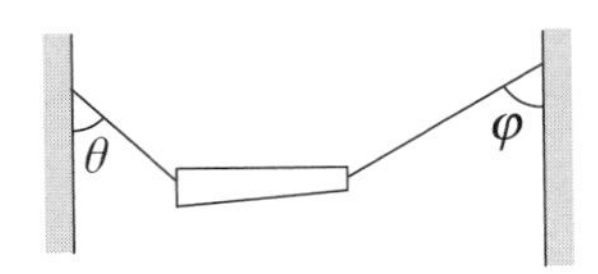

7．重さ W の一様な棒 AB の一端 A に糸をつけ，他端 B を水平な床に置いたら，糸は水平と角 θ，棒は角 φ だけ傾いてつりあった．床が棒に及ぼす力と，糸の張力を求めよ．

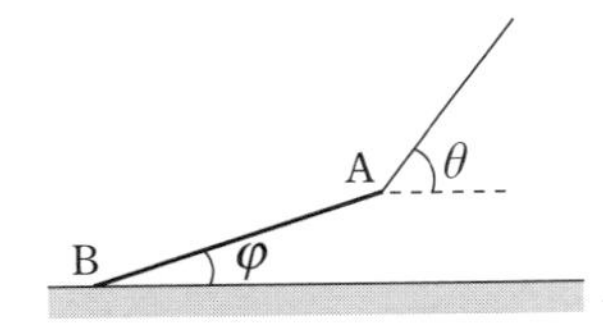

8．床の上から h の高さにあるなめらかな水平の手すりに，図のように長さ l の一様な棒を立てかけてやると傾きが 30° 以下ならば棒は滑らずに静止したという．棒と床の間の静止摩擦係数を求めよ．

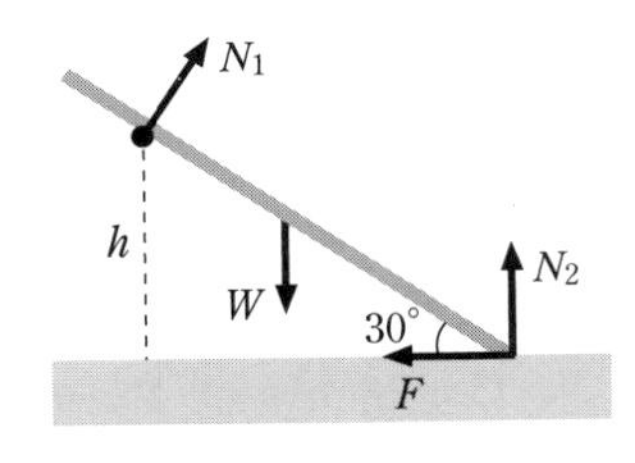

<演習問題 V-B>

1．放物線 $y = ax^2$ と直線 $y = b$ に沿って一様な薄板を切り抜いた．この板の重心の位置を求めよ．

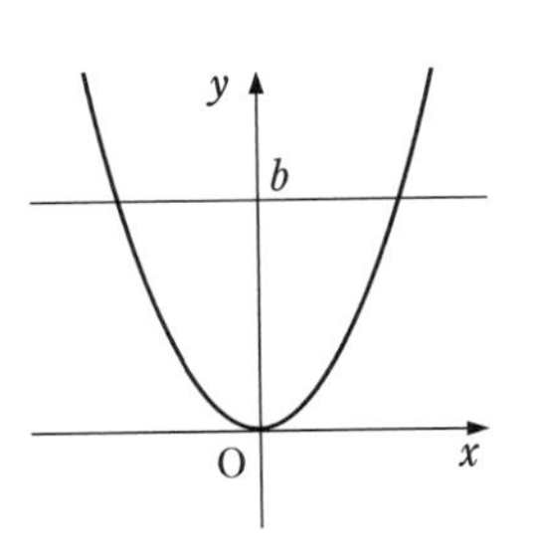

2．半径 a，高さ h の直円錐の重心の位置を求めよ．

3．次の物体の重心の位置を積分を用いずに求めよ．

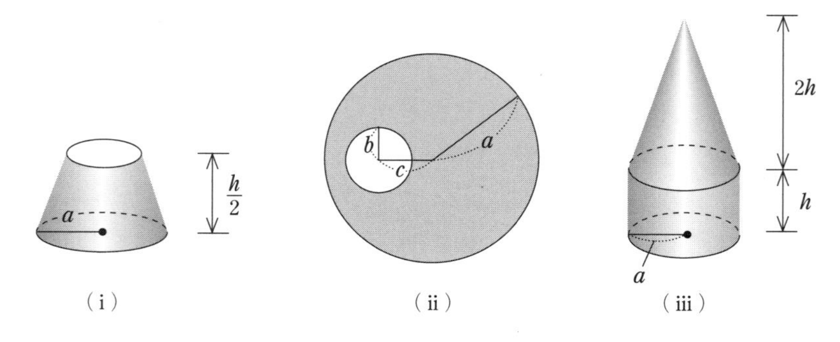

(i) 底面の半径 a, 高さ h の一様な円錐体がある．この円錐体の上部を $h/2$ の高さで底面に平行に切り落として残った円錐部分．

(ii) 半径 a の一様な円板から半径 b の小円板を切り抜いた物体，ただし 2 つの円の中心間の距離を c とする．

(iii) 半径 a, 高さ h の一様な直円柱の上に底面の半径 a, 高さ $2h$ の同じ材質でできた直円錐をくっつけた物体．

4. 重さ W の一様な棒を水平な床上から鉛直な壁に立てかける．棒を傾けていくと，水平とつくる角が θ になったとき滑りだした．このとき，棒と床，壁との間に働く力において，摩擦力/垂直抗力の値がそれぞれ μ_1, μ_2 であった．θ を μ_1, μ_2 で表せ．

5. 断面の半径 $a/2$, 高さ $2a$, 重さ W の円柱が，粗い水平な床に立てて置いてある．円柱は床の上を滑ることはないとして次の問に答えよ．

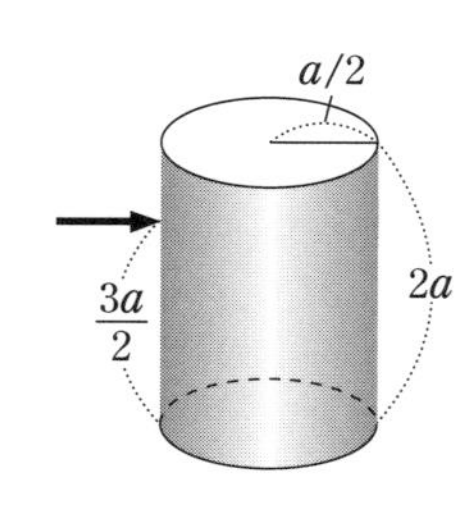

(i) 円柱の側面の，床からの高さ $3a/2$ の点に，大きさ $W/4$ の力を側面に垂直に加えたとき，床が円柱におよぼす力の合力の作用点を求めよ．

(ii) 前問と同じ点に，どれだけの大きさの力を加えれば円柱が倒れるか．

6. 半径 1 m, 重さ 30 N の円形テーブルの上板が，その円周上に等間隔に取り付けた 3 本の足で支えられている．このテーブルの上に花びんを置いたら，3 本の足 A, B, C にはそれぞれ A が 10 N，B が 20 N，C が 30 N の重さがかかっていた．花びんの重さを求めよ．また花びんはテーブルの上のどの位置に置かれているか．花びんをテーブルの上のどこにおいてもテーブルがひっくりかえらないためには花びんの重さはどれだけ以下でなければならないか．

7. 水平線とそれぞれ α, β の角度で交わるなめらかな 2 つの斜面が向かいあってある $(\alpha > \beta)$．長さ $2l$ の一様な棒の両端を両方の斜面の上においたとき，つりあいの状態で棒が水平線となす角を求めよ．

8．軽くて真直ぐな3本の等しい棒AB，BC，CAの両端を鉛直面内で自由にまわれるようにピンでつないで正三角形をつくる．ピンAを壁に固定し，ピンBをその鉛直下方に壁に沿ってなめらかに動けるように支え，ピンCに重さ W の荷重を加える．次のものを求めよ．

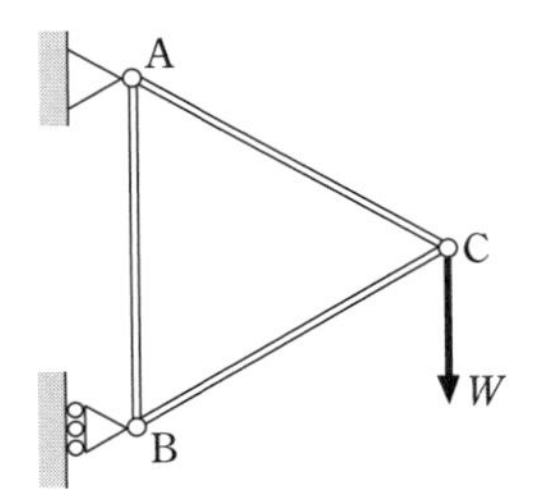

（i） ピンAとBに壁が及ぼす抗力．
（ii） 棒AB，ACがそれぞれピンAに及ぼす力．
（iii） 棒BCがピンBとCから受ける力．

<演習問題 V-C>

1．水平と角 α をなす粗い斜面の上に一様な半球が，球面を斜面に接して安定な平衡状態にあるときの半球の切り口と水平面との傾きの角 θ を求めよ．また，このような平衡状態が実現可能なためには，α はどのような制限を受けるか．半球と斜面との静摩擦係数を μ として答えよ．

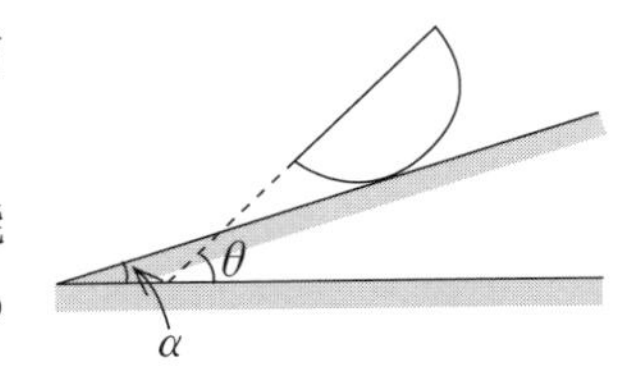

2．下図のように長さ l の棒をなめらかな壁と壁から $a\left(a<\frac{l}{2}\right)$ の距離にあるなめらかな支点とで支えるには，棒と壁のなす角 θ はどれだけであればよいか．

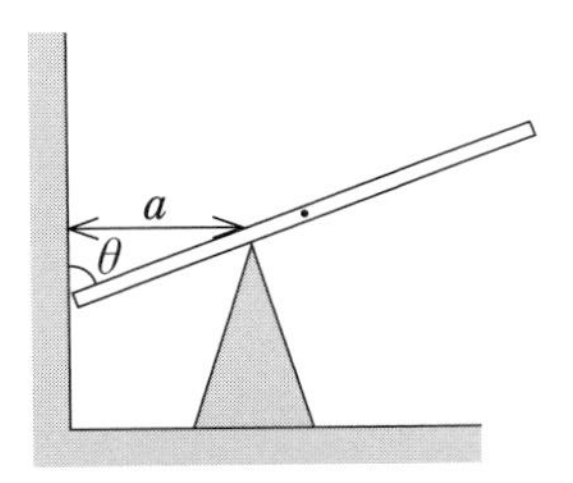

3．半径 a，重さ W の3本の円柱A, B, Cを，図のように水平な床の上に積み重ねる．円柱と円柱の間，および円柱と床の間の静摩擦係数はともに μ であるとする．図の状態で3本の円柱が，滑ることなく静止するためには，μ の大きさはどれだけ以上でなければならないか．ただし，円柱BとCは接触しているだけで互に力をおよぼし合ってはいないとする．

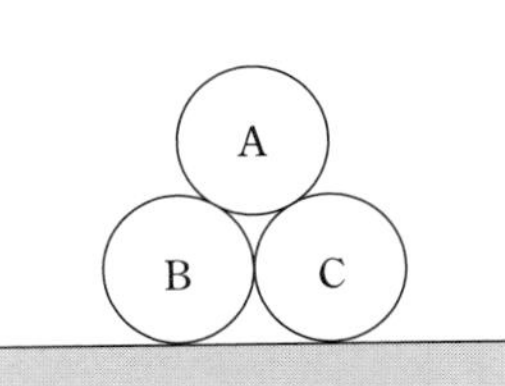

VI. 剛体の運動

〈基礎事項〉

1. 運動方程式

重心の運動　$M\dfrac{\mathrm{d}^2\boldsymbol{r}_\mathrm{G}}{\mathrm{d}t^2}=\sum\limits_i \boldsymbol{F}_i$　（$\boldsymbol{F}_i$ は外力）

回転運動　$\dfrac{\mathrm{d}\boldsymbol{L}}{\mathrm{d}t}=\sum\limits_i \boldsymbol{N}_i$　（$\boldsymbol{N}_i$ は外力のモーメント）

2. 慣性モーメント（慣性能率）

$$I=\int \rho r^2\,\mathrm{d}V \quad (r \text{ は } \mathrm{d}V \text{ の回転半径})$$

平行軸の定理

$$I=I_\mathrm{G}+Mh^2$$

直交軸の定理（平面薄板の場合）

$$I_z=I_x+I_y$$

3. 固定軸のまわりの回転

運動方程式　$I\dfrac{\mathrm{d}^2\theta}{\mathrm{d}t^2}=\sum\limits_i N_i$　または　$I\dfrac{\mathrm{d}\omega}{\mathrm{d}t}=\sum\limits_i N_i$

運動エネルギー　$T=\dfrac{1}{2}I\omega^2$

角運動量の z 成分　$L_z=I\omega$　（z 軸が固定軸の場合）

4. 剛体の平面運動

運動する平面を xy 面にとる．

重心の運動方程式

$$M\frac{\mathrm{d}^2x_\mathrm{G}}{\mathrm{d}t^2}=\sum_i F_{x_i},\quad M\frac{\mathrm{d}^2y_\mathrm{G}}{\mathrm{d}t^2}=\sum_i F_{y_i}$$

（$x_\mathrm{G}, y_\mathrm{G}$ は重心の x, y 座標）

重心のまわりの回転運動方程式

$$\frac{\mathrm{d}L_z}{\mathrm{d}t}=\sum_i N_{z_i}$$

（L_z は重心のまわりの角運動量の z 成分，N_z は重心のまわりの力のモーメントの z 成分）

〈演習問題 VI-A〉

1. 長さ l，質量 M の一様な棒の，棒に垂直な軸に関する慣性モーメントを求めよ．

（i） 軸が重心を通る場合

（ii） 棒の一端を通る場合

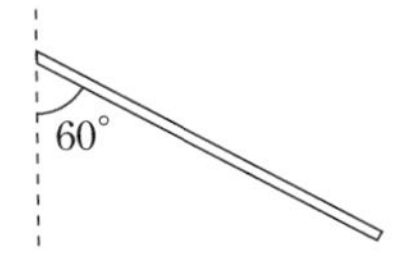

2． 一様な棒（長さ l，質量 M）の一端をとおり，棒と 60° の角をなす直線を軸とするとき，棒の慣性モーメントを求めよ．

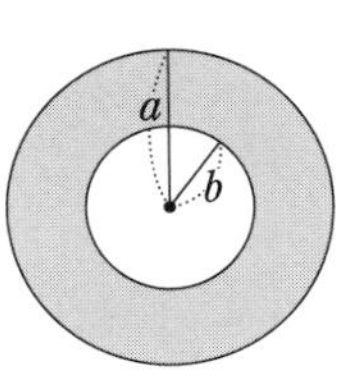

3． 図のような中空円板（質量 M）の中心を通り，円に垂直な軸のまわりの慣性モーメントを求めよ．また，直径のまわりの慣性モーメントはどれだけか．

4． 底面の半径 a，高さ h の一様な直円錐（質量 M）の軸に関する慣性モーメントを求めよ．

5． 一様な円板（半径 r，質量 M）を定滑車とし，両端に質量 m_1, m_2 の 2 質点をつけた滑らない糸をかけた．$m_1 > m_2$ のとき，m_1 が落ちる加速度を求めよ．

6． 質量 M，半径 a の定滑車に糸を巻きつけ，その端に質量 m の質点を結びつけ，静かに落下させた．落下距離と時間の関係を求めよ．

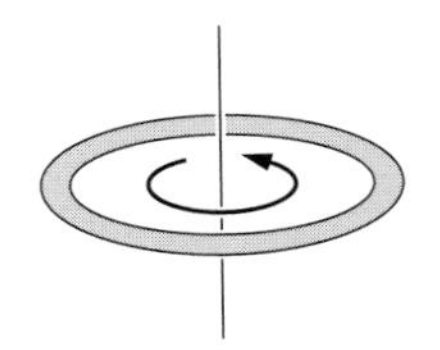

7． 半径 3 m，質量 2 kg の輪が，中心軸のまわりに 600 rpm（毎分回転）で回転している．次の量を求めよ．

（i） 輪の慣性モーメント

（ii） 輪の角速度

（iii） 輪の角運動量

（iv） 運動エネルギー

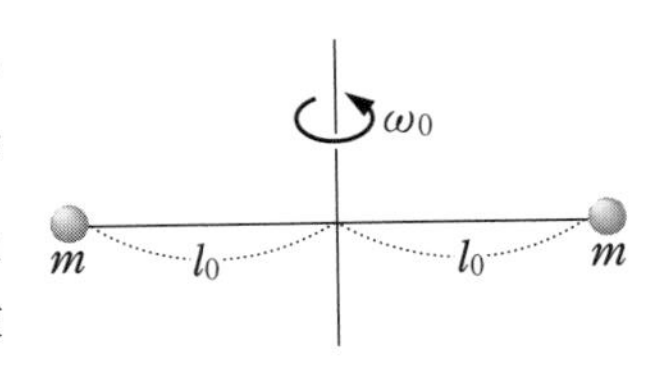

8． 長さが伸縮できる水平棒の両端に質量 m の物体が固定してある．これを中心点のまわりに水平回転させ，最初棒の長さが $2l_0$ で，回転の角速度が ω_0 であったのを，突然棒の長さを $2l_1$ に変化させた．このときの回転の角速度 ω，物体の速度 v を求めよ．（ただし棒の質量は無視できるとし，長さの変化は中心点の左右に対称に同じ長さだけ変化するものとする）．

9． 同じ質量（M）と半径（a）の球とフープ（輪）と円板（薄板）が，同じ坂を滑らず転がり落ちたとき，速度の大きいものから順に上の 3 つのものを書き並べよ．

<演習問題 VI－B>

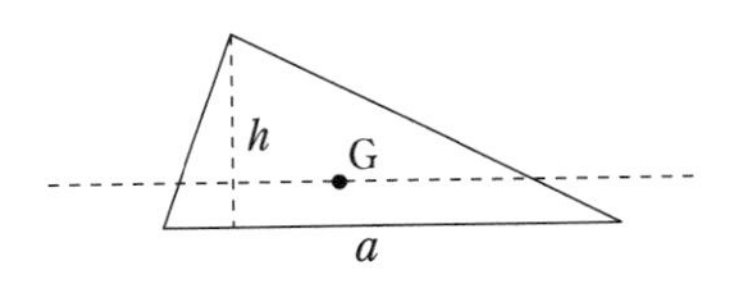

1． 底辺 a，高さ h，質量 M の三角形の重心 G を通り辺 a に平行な軸のまわりの慣性モーメントを求めよ．

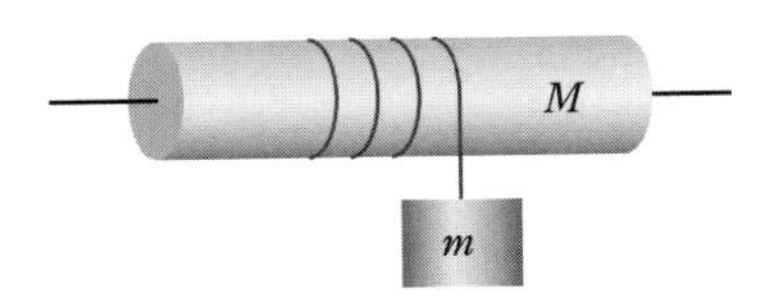

2． 中心軸が水平になるように設置した半径 a，質量 M の一様な円柱に，軽い糸をまきつけ，その一端に，質量 m の小物体がつるしてある．いま，円柱に外力を加えて中心軸のまわりに角速度 ω_0 の回転を与えた後外力を取り除いた．その後，円柱が静

止するまでに小物体はどれだけ巻き上げられるか．

3．質量 1000 g，半径 10 cm の円板が水平に置かれ，その中心を通る鉛直軸のまわりに毎分 100 回のわりあいで回転している．円板のふちに接線方向に摩擦力を加えたところ，1 分間で回転が止まった．摩擦力が一定であるとしてその大きさを求めよ．

4．半径 a，質量 M の薄い円板を，なめらかで水平な床の上に水平に置き，図 (a)，(b)，(c) のように力を加えた．それぞれの場合に生ずる，円板の重心の加速度，重心のまわりの回転の角加速度の大きさはどれだけか．

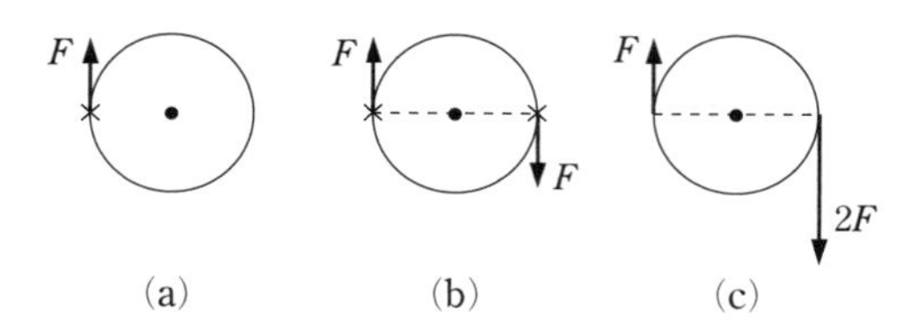

5．長さ a の一様でまっすぐな棒を，棒に垂直な水平軸のまわりに小さな振動をさせるとき，その周期が最小になるような回転軸の位置を求めよ．

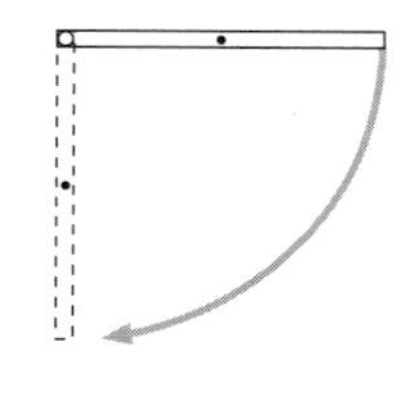

6．長さ $2l$，質量 M の一様な棒の一端に棒に垂直な水平固定軸をつけ，棒を水平にして静かに放した．棒が鉛直となる瞬間の棒の先端の速さを求めよ．

7．半径 a の一様な円板が水平な接線を軸として微小振動をするときの周期を求めよ．

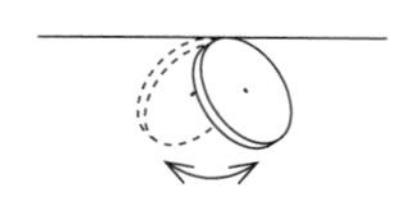

8．半径 a の一様な薄い円板にこれを垂直に貫く軸が円板の中心から b のところにとりつけてある．この軸を水平にして，そのまわりに小さい振動をさせる場合の振動周期はいくらか．またこの周期が最小になるようにするには，b をいかに選んだらよいか．

〈演習問題 VI–C〉

1．底面の半径 a，高さ h の一様な直円錐（質量 M）の重心を通り，中心軸に垂直な軸に関する慣性モーメントを求めよ．

2．扇風機（ファンの慣性モーメント I，軸の半径 a）が，角速度 ω_0 で回転しているとき電源を切った．軸受の滑り摩擦力を F，ファンの部分の受ける空気抵抗によるモーメントを一定の大きさ N とするとき，ファンが静止するまでの時間 t を求めよ．

3. 半径 R の 2 つの円板の間に長さ l，半径 r の心棒をはさんで，質量 M のヨーヨーを作った．心棒に質量を無視できる糸を巻き付け，巻き終わりの端を手に持つ．いま，ヨーヨーを手から放せば，ヨーヨーは糸が全部解けるまで下に降りる．その後，糸がふたたび巻き付き始めヨーヨーは上に昇る．ヨーヨーが下降するときと上昇するときの糸の張力およびヨーヨーの加速度を求めよ．ただし，心棒の質量は考えないものとし，心棒の半径は十分小さく，糸は実質上鉛直になっているものと仮定せよ．

4. 竹トンボを地上から鉛直上方に飛ばす．竹トンボの浮力 F は，回転の角速度 ω に比例し，$F = k\omega$（k は正の比例定数）とあらわせる．また，竹トンボには空気の抵抗により，回転方向と反対向きに，大きさ N の一定のモーメントがはたらく．
竹トンボの質量を m，慣性モーメントを I とし，飛び出す瞬間の上昇速度を v_0，回転角速度を ω_0 とする．

（i） 飛び出してから時間 t の後の上昇速度をあらわす式を導け．

（ii） $\dfrac{kN}{mI} = 2$（たとえば，$m = 10^{-2}\,\mathrm{kg}$，$I = 10^{-6}\,\mathrm{kg{\cdot}m^2}$，$k = 10^{-4}\,\mathrm{N{\cdot}s}$，$N = 10^{-4}\,\mathrm{N{\cdot}m}$），$\omega_0 = \dfrac{m}{k}(1+g)$，$v_0 = 2$ であるとき，竹トンボが達する最高の高さはどれだけか．

解　　答

I．数学的準備および運動学

〈演習問題 I-A〉

2.（1）$2a$　（2）$-A\omega^2\sin(\omega t+\alpha)$　（3）$\dfrac{-a^2}{(at+b)^2}$

（4）$Aa^2\mathrm{e}^{\pm at}$　（5）$-Aa^2\mathrm{e}^{\pm iat}$

7.　$|\boldsymbol{r}-\boldsymbol{R}|=a$,　$|\boldsymbol{r}|=a$

9.　$\tan\theta=\dfrac{3}{4}$ の方向（θ はボートの進む方向と流れに垂直な方向との間の角），15 分

10.　$A\omega\cos(\omega t+\varepsilon)$，$-A\omega^2\sin(\omega t+\varepsilon)$

11.　$y=a-\dfrac{2x^2}{a}$　（ただし $-a\leqq x\leqq a$）

〈演習問題 I-B〉

1.（1）$\dfrac{2x}{x^2+c}$　（2）$\dfrac{1}{1+x^2}$

（3）$\dfrac{x}{\sqrt{a^2+x^2}}$　（4）$\dfrac{-x}{(x^2-a^2)\sqrt{x^2-a^2}}$

（5）$\mathrm{e}^{-ax}\{b\cos(bx+c)-a\sin(bx+c)\}$

（6）$(2ax+b)\mathrm{e}^{ax^2+bx+c}$

2.（1）$\sin x-x\cos x+C$　（2）$x\log x-x+C$

（3）$\dfrac{1}{a}\arctan\dfrac{x}{a}+C$　（4）$\dfrac{1}{2a}\log\left|\dfrac{x-a}{x+a}\right|+C$

（5）$\dfrac{1}{2}\log(x^2+a^2)+C$　（6）$\dfrac{1}{3}(x^2+a^2)^{\frac{3}{2}}+C$

3.（1）$x=\dfrac{1}{2}at^2+bt+C$　（C は任意定数）

（2）$x=-\dfrac{a}{b}\cos bt+C$

（3）$x=C\mathrm{e}^{at}$

（4）$x=\sin(t+C)$

（5）$x=\dfrac{1}{2}at^2+C_1t+C_2$　（C_1, C_2 は任意定数）

（6）$x=\dfrac{1}{a^2}\mathrm{e}^{at}+C_1t+C_2$

〈演習問題 I-C〉

1．$\tan\theta = \dfrac{ak}{k^2t^2}$ （k は定数）

2．接線加速度：0，法線加速度：c，曲率半径：$\rho = \dfrac{a^2}{c}$

3．軌道：基線上で原点から距離 l の点を中心とする円

速度：$v_r = -l\omega \sin\dfrac{\omega t}{2}$，$v_\theta = l\omega \cos\dfrac{\omega t}{2}$，

加速度：$a_r = -l\omega^2 \cos\dfrac{\omega t}{2}$，$a_\theta = -l\omega^2 \sin\dfrac{\omega t}{2}$

II．運動法則および簡単な運動

〈演習問題 II-A〉

1．3.01×10^2 N，98.3 N

2．$a \leqq 29.4\ \mathrm{m/s^2}$

3．$\dfrac{a+b}{b+g}m$

4．（i）$\dfrac{F}{M_1+M_2}-g$　（ii）$\dfrac{M_1}{M_1+M_2}F$

（iii）$\dfrac{F}{M_2}-g$，　$-g$　（iv）$\sqrt{\dfrac{2M_2h}{F}}$

5．1×10^{-3} N　6．$\dfrac{m_2}{m_1+m_2}F$，　$\dfrac{m_1}{m_1+m_2}F$

7．$\mu_1 m_1 g < T \leqq \mu_2 m_2 g$　8．0.41

10．（1）LT^{-1}　（2）LT^{-2}　（3）MLT^{-2}

（4）MLT^{-1}　（5）MLT^{-1}　（6）MT^{-2}

（7）ML^{-3}　（8）T^{-1}

11．（i）$\dfrac{mg\sin\theta}{k}$　（ii）運動方程式：$m\ddot{x} = -kx$，

解：$x = A\sin(\omega t+\alpha)$，$\omega = \sqrt{\dfrac{k}{m}}$

12．（i）30°　（ii）$W/2$，$\sqrt{3}\,W/2$

〈演習問題 II-B〉

1．鉛直上向き：mg

斜面方向：$\mu' mg\cos\theta$，斜面の法線方向：$mg\cos\theta$

2．加速度：$\dfrac{gW_1(\sin\theta_1-\mu_1\cos\theta_1)-gW_2(\sin\theta_2+\mu_2\cos\theta_2)}{W_1+W_2}$

張力：$\dfrac{W_1W_2(\sin\theta_1+\sin\theta_2-\mu_1\cos\theta_1+\mu_2\cos\theta_2)}{W_1+W_2}$

3．15 秒後

4. 仰角 $\theta = \dfrac{1}{2}\arcsin\dfrac{2ag}{{V_0}^2}$ の方向

5. $m\ddot{x} = -kx$

6. (i) 運動方程式：$m\ddot{x} = -2kx$，解：$x = A\sin(\omega t + \alpha)$，

$\omega = \sqrt{\dfrac{2k}{m}}$　(ii) $V\sqrt{\dfrac{m}{2k}}$

〈演習問題 II-C〉

1. $T = \pi\sqrt{ml}/\sqrt{S}$

2. $M = \dfrac{4\pi^2}{G}\dfrac{(R+h)^3}{T^2}$

4. m_1 の加速度：

$$\frac{(m_1+m_2)(M+m_3)+4(m_1-m_3)m_2}{(m_1+m_2)(M+m_3)+4m_1m_2}g$$

m_2 の加速度：

$$\frac{(m_1+m_2)(M+m_3)+4(m_2-m_3)m_1}{(m_1+m_2)(M+m_3)+4m_1m_2}g$$

m_3 の加速度：$\dfrac{(m_1+m_2)(M-m_3)+4m_1m_2}{(m_1+m_2)(M+m_3)+4m_1m_2}g$

$$T = \frac{2m_3M(m_1+m_2)+8m_1m_2m_3}{(m_1+m_2)(M+m_3)+4m_1m_2}g$$

$$T' = \frac{4m_1m_2m_3}{(m_1+m_2)(M+m_3)+4m_1m_2}g$$

5. 角振動数 $\omega = \dfrac{qB}{m}$ で回転しながら z 軸方向に一定速度で運動するらせん運動．

$$x = A\sin\left(\frac{qB}{m}t+\delta\right)+C_1$$

$$y = A\cos\left(\frac{qB}{m}t+\delta\right)+C_2$$

$$z = D_1t+D_2$$

($A, C_1, C_2, D_1, D_2, \delta$ は任意定数)

III. 保存則

〈演習問題 III-A〉

1. 163 W　2. 1.36×10^6 W

3. 0.18 m

4. $\sqrt{2gh-\dfrac{2fL}{M}}$

5. $\sqrt{\dfrac{2(M-m)}{M+m}gh}$，　$\dfrac{M-m}{M+m}h$ だけ斜面に沿って登る

6．$\sqrt{2}\,vm$,　$\sqrt{2}\,v$

7．6.58×10^{15}/s,　2.19×10^{6} m/s

〈演習問題 III-B〉

1．$\dfrac{k}{a}$（k は定数）　2．（i）$\dfrac{a}{3}+\dfrac{b}{3}$　（ii）$\dfrac{a}{4}+\dfrac{b}{2}$

3．（i）保存力，ポテンシャル：$-\dfrac{1}{2}kx^2y$（基準は原点）

（ii）$a\neq b$ ならば非保存力，$a=b$ のとき保存力，ポテンシャル；$-axy-cx-cy$（基準は原点）

（iii）保存力，ポテンシャル；$-\dfrac{GM}{r}$（基準点は $r=\infty$）

4．$\sin\theta=\dfrac{1}{Mg}\left(\dfrac{P}{v}-F\right)$

5．（i）kr

6．（i）$-\dfrac{E}{k}\leqq x\leqq\dfrac{E}{k}$　（ii）$4\sqrt{2}\dfrac{\sqrt{mE}}{k}$

7．（i）$GmM\left(\dfrac{1}{b}-\dfrac{1}{a}\right)$　（ii）$\sqrt{u^2+2GM\left(\dfrac{1}{b}-\dfrac{1}{a}\right)}$

8．$2mr^2\omega\sin^2\dfrac{\omega t}{2}$

〈演習問題 III-C〉

1．（i）$\dfrac{v_2}{v_1}=\dfrac{r_1}{r_2}>1$

（ii）エネルギー変化は $\dfrac{m{v_1}^2}{2}\left\{\left(\dfrac{r_1}{r_2}\right)^2-1\right\}$

2．$-\dfrac{1}{2}mv_0gt^2$

3．$\mu gt+\mu\sqrt{2gh}$（$t\geqq0$）

IV．さまざまな運動

〈演習問題 IV-A〉

2．$\dfrac{m}{M+m}u$

3．（i）4.96 m/s　（ii）5.36×10^3 J

4．（i）20 m/s　（ii）3900 J

5．$v_1=\sqrt{2\dfrac{m_2}{m_1}\dfrac{E}{M}}$,　$v_2=\sqrt{2\dfrac{m_1}{m_2}\dfrac{E}{M}}$

〈演習問題 IV-B〉

2．$\sqrt{\dfrac{3}{4}a^2+\dfrac{1}{4\pi^2n^2}\left(\pm\pi an+\dfrac{Q}{M}\right)^2}$

3. $\alpha\beta$ 倍，地球上の 0.379 倍.

4. $\dfrac{2-\sqrt{3}}{2}a$　　5. $\dfrac{1}{3}\tan\alpha$

〈演習問題 IV-C〉

3. 時間 $t=\dfrac{m_0}{\mu}$

V. 剛体のつりあい

〈演習問題 V-A〉

1. 作用点：A 端より B 端の方に $\dfrac{F_\mathrm{b}l}{F_\mathrm{a}+F_\mathrm{b}}$ はなれた点，大きさ：$F_\mathrm{a}+F_\mathrm{b}$，向き：$\boldsymbol{F}_\mathrm{a}$，$\boldsymbol{F}_\mathrm{b}$ と同じ

2. 作用点：A 端より B 端と反対方向に $\dfrac{F_\mathrm{b}l}{F_\mathrm{a}-F_\mathrm{b}}$ はなれた点，大きさ：$F_\mathrm{a}-F_\mathrm{b}$，向き：$\boldsymbol{F}_\mathrm{a}$，$\boldsymbol{F}_\mathrm{b}$ と平行で $\boldsymbol{F}_\mathrm{a}$ の向き

3. A 君より $\dfrac{W-w}{4W}l$ の位置

4. $x<\dfrac{W_1}{W_1+\dfrac{3}{4}W_2}l$

5. A 点に $W/2$

6. 棒の左端から $\dfrac{l\sin\theta\cos\varphi}{\sin(\theta+\varphi)}$ の距離の点

7. 床のおよぼす力：$\dfrac{W\cos\theta\cos\varphi}{2\sin(\theta-\varphi)}$（水平方向左向き），

$W-\dfrac{W\sin\theta\cos\varphi}{2\sin(\theta-\varphi)}$（鉛直方向），張力：$\dfrac{W\cos\varphi}{2\sin(\theta-\varphi)}$

8. $\dfrac{\sqrt{3}\,l}{16h-3l}$

〈演習問題 V-B〉

1. 点 $\left(0,\dfrac{3}{5}b\right)$

2. 円錐軸上で底面から $\dfrac{1}{4}h$ の高さの点

3. （i） 底面から $\dfrac{11}{56}h$ の点

（ii） 大円板の中心より，小円板と逆方向に距離 $\dfrac{b^2c}{a^2-b^2}$ の点

（iii） 中心軸上，底面より高さ $\dfrac{9}{10}h$ の点

4. $\tan\theta = \dfrac{1-\mu_1\mu_2}{2\mu_1}$

5. (i) 円柱底円の中心から，側面への力の作用点とは反対の向きに $\dfrac{3}{8}a$ の距離の点

(ii) $\dfrac{W}{3}$ より大

6. 花びんの重さ；30 N．位置；足Cと足Bとを結ぶ線分CB上で足Cより $\dfrac{1}{\sqrt{3}}$ m の点．30 N 以下

7. $\tan\theta = \dfrac{1}{2}\dfrac{\sin(\alpha-\beta)}{\sin\alpha\sin\beta}$

8. (i) A：大きさ　$\sqrt{7}W/2$，方向　水平より上向き　$\arctan(2/\sqrt{3})$

B：大きさ　$\sqrt{3}W/2$，壁に垂直

(ii) $W/2$，W　(iii) W

〈演習問題 V-C〉

1. $\sin\theta = \dfrac{8}{3}\sin\alpha$,　$\sin\alpha \leqq \dfrac{3}{8}$ かつ $\tan\alpha \leqq \mu$

2. $\theta = \arcsin\sqrt[3]{\dfrac{2a}{l}}$

3. $\mu > \dfrac{1}{2+\sqrt{3}}$

VI. 剛体の運動

〈演習問題 VI-A〉

1. (i) $\dfrac{1}{12}Ml^2$　(ii) $\dfrac{1}{3}Ml^2$

2. $\dfrac{Ml^2}{4}$　3. $\dfrac{1}{2}(a^2+b^2)M$，$\dfrac{1}{4}(a^2+b^2)M$

4. $\dfrac{3}{10}Ma^2$　5. $\dfrac{2(m_1-m_2)}{2(m_1+m_2)+M}g$

6. $x = \dfrac{m}{2m+M}gt^2$

7. (i) 18 kg·m^2　(ii) 62.8 s^{-1}

(iii) 1.13×10^3 kg·m^2·s^{-1}　(iv) 3.55×10^4 J

8. $\omega = \left(\dfrac{l_0}{l_1}\right)^2\omega_0$,　$v = l_1\omega = \dfrac{{l_0}^2}{l_1}\omega_0$

9. $v_{球} > v_{円板} > v_{フープ}$

〈演習問題 VI-B〉

1. $\dfrac{1}{18}Mh^2$　**2.** $\dfrac{a^2{\omega_0}^2}{4mg}(M+2m)$　**3.** 8.7×10^{-3} N

4. (a) 加速度：$\dfrac{F}{M}$，角加速度：$\dfrac{2F}{Ma}$

(b) 加速度：0，角加速度：$\dfrac{4F}{Ma}$

(c) 加速度：$\dfrac{F}{M}$，角加速度：$\dfrac{6F}{Ma}$

5. 棒の重心から $\dfrac{a}{2\sqrt{3}}$ のところ

6. $\sqrt{6lg}$　**7.** $\pi\sqrt{\dfrac{5a}{g}}$

8. $2\pi\sqrt{\dfrac{a^2/2+b^2}{gb}}$，$b=\dfrac{a}{\sqrt{2}}$

〈演習問題 VI-C〉

1. $\dfrac{3}{20}M\left(a^2+\dfrac{h^2}{4}\right)$

2. $\dfrac{I\omega_0}{N+Fa}$

3. $a_{\text{up}}=a_{\text{down}}=\dfrac{-g}{1+R^2/2r^2}$

$T_{\text{up}}=T_{\text{down}}=\dfrac{MgR^2}{R^2+2r^2}$

4. (i) $v=-\dfrac{kN}{2mI}t^2+\left(\dfrac{k}{m}\omega_0-g\right)t+v_0$

(ii) $\dfrac{10}{3}$

学籍番号　　　　　　氏名

レポート 1

学籍番号　　　　　　氏名

レポート ②

学籍番号　　　　　　氏名

レポート ③

学籍番号　　　　　　　氏名

レポート 4

学籍番号　　　　　　氏名

レポート 5

学籍番号　　　　氏名

レポート 6

学籍番号　　　　　　　　氏名

レポート 7

学籍番号　　　　　　氏名

レポート 8

学籍番号　　　　　　氏名

レポート 9

学籍番号　　　　　　氏名

レポート 10

学籍番号　　　　　　氏名

レポート 11

学籍番号　　　　　　氏名

レポート ⑫

学籍番号　　　　　　氏名

レポート 13

学籍番号　　　　　　　氏名

レポート 14

学籍番号　　　　　　氏名

レポート ⑮

学籍番号　　　　　　　氏名

レポート ⑯